古代水利工程

◎主编 金开诚
◎编著 于 元

吉林出版集团
吉林文史出版社

图书在版编目（CIP）数据

古代水利工程 / 金开诚著. -- 长春 : 吉林文史出版社, 2011.11 (2023.4重印)
(中国文化知识读本)
ISBN 978-7-5472-0936-3

Ⅰ. ①古… Ⅱ. ①金… Ⅲ. ①水利工程-介绍-中国-古代 Ⅳ. ①TV-092

中国版本图书馆CIP数据核字(2011)第226321号

古代水利工程

GUDAI SHUILI GONGCHENG

主编/ 金开诚 编著/于元
项目负责/崔博华 责任编辑/崔博华 李延勇
责任校对/李延勇 装帧设计/李岩冰 李宝印
出版发行/吉林出版集团有限责任公司 吉林文史出版社
地址/长春市福祉大路5788号 邮编/130000
印刷/天津市天玺印务有限公司
版次/2011年11月第1版 印次/2023年4月第3次印刷
开本/660mm×915mm 1/16
印张/9 字数/30千
书号/ISBN 978-7-5472-0936-3
定价/34.80元

前言

文化是一种社会现象，是人类物质文明和精神文明有机融合的产物；同时又是一种历史现象，是社会的历史沉积。当今世界，随着经济全球化进程的加快，人们也越来越重视本民族的文化。我们只有加强对本民族文化的继承和创新，才能更好地弘扬民族精神，增强民族凝聚力。历史经验告诉我们，任何一个民族要想屹立于世界民族之林，必须具有自尊、自信、自强的民族意识。文化是维系一个民族生存和发展的强大动力。一个民族的存在依赖文化，文化的解体就是一个民族的消亡。

随着我国综合国力的日益强大，广大民众对重塑民族自尊心和自豪感的愿望日益迫切。作为民族大家庭中的一员，将源远流长、博大精深的中国文化继承并传播给广大群众，特别是青年一代，是我们出版人义不容辞的责任。

本套丛书是由吉林文史出版社组织国内知名专家学者编写的一套旨在传播中华五千年优秀传统文化，提高全民文化修养的大型知识读本。该书在深入挖掘和整理中华优秀传统文化成果的同时，结合社会发展，注入了时代精神。书中优美生动的文字、简明通俗的语言、图文并茂的形式，把中国文化中的物态文化、制度文化、行为文化、精神文化等知识要点全面展示给读者。点点滴滴的文化知识仿佛颗颗繁星，组成了灿烂辉煌的中国文化的天穹。

希望本书能为弘扬中华五千年优秀传统文化、增强各民族团结、构建社会主义和谐社会尽一份绵薄之力，也坚信我们的中华民族一定能够早日实现伟大复兴！

目录

一、大禹治水至秦汉时期

在这一时期里，我们祖先广泛使用青铜工具，特别是铁制工具，并由奴隶社会向封建社会转变，这一切对水利建设具有重要的推动作用。因此，在这一时期里，我们的祖先在防洪、灌溉、航运等方面都有较大的发展，并有一批大型水利工程建立，有的至今仍卓然屹立，造福人类。在水利建设的基础上，这个时期的水利科学技术也取得了较快的发展，并逐步向世界水利科学技术高峰迈进。

(一) 防洪和治河

人类最初为了生存，必然要临水而居。随着社会的进步和农耕文明的兴起，我们的祖先对水源的依赖性更强。公元前22世纪，原始公社末期，农业进入了锄耕阶段，人们逐渐由近山丘陵地区移向土地肥沃、交通便利的黄河等大江大河

的下游平原生活。

水是一把双刃剑，有利也有害。不久，洪水向人类袭来，淹没了平原，包围了丘陵和山冈，人畜死亡，房屋被吞没。这时，大禹受命治水，他疏导并分流洪水，将黄河下游的入海通道一分为九，经过十多年的不断努力，终于获得了治水的巨大成功。

那时，人口不多，居民点稀少，大禹治水采用疏导和分流的方法是正确的。

到了春秋战国时期，人口骤增，社会经济空前发展，不能再任由黄河在广袤的平原上奔流了。于是，筑堤防止黄河泛滥的方法应运而生。

在当时，筑堤防洪是有效手段。但是，黄河之水从上游冲下来的大量泥沙堆积在下游河床里，不断地抬高河床。尽管有堤，河水还是溢出河床了。

汉武帝继位后，黄河下游频繁决堤，筑堤和堵口成了当时经常性的治河工

作。

汉武帝元光三年（公元前132年），黄河在瓠子（今河南省濮阳市西南）决口。洪水向东南冲入巨野泽，泛入泗水、淮水，淹及十六郡，灾情严重。

汉武帝闻讯，十分焦急，立即派汲黯、郑当时率10万人前去堵塞，未能成功。

丞相田蚡为了一己私利，反对堵塞决口，说黄河决堤是天意，不能靠人力强行堵塞。结果，此后黄河泛滥长达23年。

元封二年（公元前109年），濮阳地区干旱少雨，又逢大河枯水期，汉武帝认为此时正是治河的有利时机，便派遣大臣汲仁和郭昌率数万人再次堵塞瓠子决口。汉武帝还在出巡回京的途中专程到瓠子工地视察，并亲自指挥，先将白马、玉璧沉于河中，敬祀河神，然后命令随从官员，自将军以下，全部出动，背负柴草，填塞决口。柴草用尽后，又命令治河人员砍伐淇园竹林的竹子继续填塞，终于堵住了决口。之后，又在黄河北侧新开二渠，引导河水北流。

为了纪念这项重大治河工程竣工，汉武帝下令在瓠子新堤上修筑了一座宣房宫。汉武帝对这次治河成功十分满意，特地作了一首《瓠子之歌》。

汉成帝建始四年（公元前29年），大雨滂沱，连续十余日不止。黄河洪峰骤起，直摧馆陶、东郡、金堤。不久，大堤崩溃，致使东郡、平原、千乘、济南4郡32县

被淹，最深处积水2丈余，受灾面积达1万多平方千米，摧毁官府民房近4万间，十多万人流离失所，人畜伤亡惨重。

这时，王延世于危难之际担起了治理黄患的重任。王延世为资中人（今四川资阳），自幼钻研水利，关心国计民生。他受命治水后，亲临现场勘察，找出症结，毅然决定在馆陶、金堤垒石堵塞狂流。他命工匠制作长4丈、大9围的竹笼，中盛碎石，由两船夹载沉入河中，再以泥石制成河堤。王延世带领军民日夜奋战36天，终于修成河堤，于次年3月初堵住

了决口。4月，为纪念治黄成功，汉成帝改“建始”五年为“河平”元年。

河平三年（公元前26年），黄河又在平原决口，汉成帝派王延世与丞相杨焉、将作大匠许高、谏大夫马延年共同治理黄河决口。王延世经过精确的测量后，严密计算，仅用半年时间就修复了河堤，让百姓恢复了正常的生产。这年，农业获得丰收，两岸百姓得以安居乐业。

王延世是一位治水专家，他将川人治水经验推广到中原，在黄河岸边以竹笼盛石稳固坝基，终于制服了桀骜不驯的黄

河，使其服服帖帖地安澜了。

由于黄河河床高耸，超过民房，防洪条件恶化，形势危殆，单纯依靠筑堤堵口已经无济于事，必须寻求新的解决办法。西汉末年，在朝廷的倡导下，开展了关于治河理论的辩论。治河专家提出了多种方略，对后世影响较大的有疏导、筑堤、水力刷沙、滞洪、改道等方法。

汉成帝绥和二年（公元前7年），水利专家贾让应诏上书，提出治河三策：上策主张不与黄河争地，留足洪水需要的空间，有计划地避开洪水泛滥区去安置人们的生产和生活；中策主张将防洪与灌溉、航运结合起来综合治理；下策是完全靠堤防约束洪水。

贾让的上策主张在改造自然的同时努力谋求与自然和谐发展，是有其积极意义的。

原来，贾让在上书以前，曾研究了前人的治河历史，并亲至黄河下游东郡一带做了实地考察。他发现战国时齐国与赵、魏两国以黄河为界。赵、魏临山，齐地低，于是齐国远离黄河25里筑堤。当黄河之水泛滥，东抵齐堤时，赵、魏两国就被淹了。于是，赵、魏两国也远离黄河25里筑堤。这样，就给黄河留出了活动的空间。如今，沿河居民不断与黄河争地，民房与黄河仅数百步。而且在百里之内，黄河在堤中东拐西拐。从黎阳堤上北望，黄河高出民屋，形势十分严峻。经过深思熟虑，贾让这才在上皇帝书中提出治河上

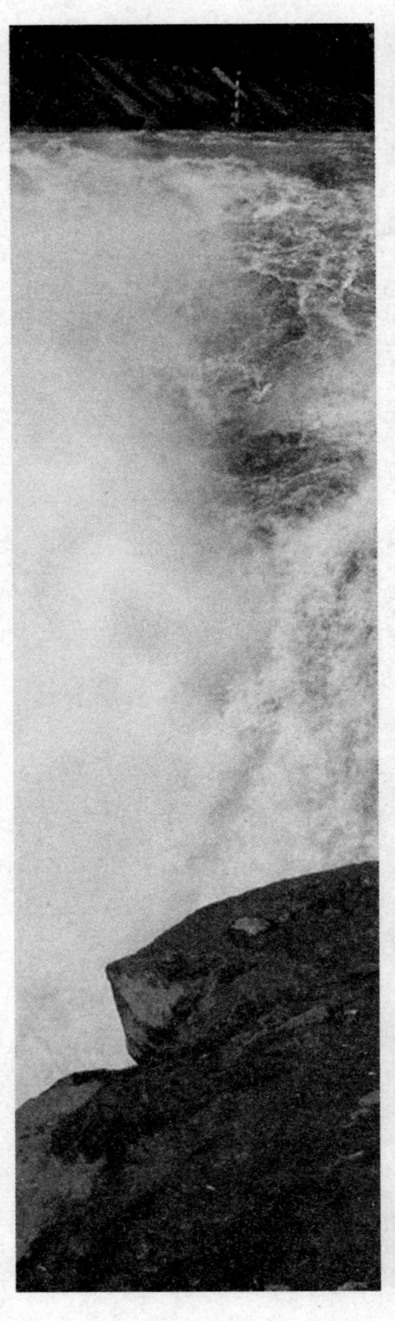

策。他主张迁走堤下居民，有人说，这样做会败坏城郭、田庐、冢墓，百姓怨恨，且花费甚巨。贾让不以为然，他说，濒河十郡治堤用款每年不止万万金，而且一旦黄河决堤，损失更大，如果拿出数年治河之费迁走堤下居民，黄河改道计划一定会成功的。我们大汉方圆万里，岂能与黄河争咫尺之地？黄河改道一旦成功，将会河定民安，千载无患，因此说这是上策。

治河上策符合20世纪60年代以来实行的非工程措施防洪理论，也包含躲避洪水的措施在内。贾让能在2000年之前提出这样的见解，不能不说有先见之明。

王莽篡汉后，黄河再次决口，而且改道从今山东利津入海，河水泛滥近60年。

东汉开国皇帝汉光武帝去世后，其子汉明帝继位，于永平十二年（公元69

年)，派擅长水利的王景治理黄河。王景学识渊博，尤其精通水利工程。汉明帝从全国各地调集了数十万士兵，开赴黄河沿岸。王景指挥他们以改道后的新河道为黄河河道进行修堤，使之不用再开新道。为了加强黄河抗御洪水的能力，又新建了汴渠水门，使黄河、汴河分流。这样，同时收到了防洪、航运以及稳定河道的多种效益。

这条新河道从今濮阳县与故道分离，流经范县、东阿、滨海，至利津入海。

这条被固定了的黄河新道起到了治黄的重要作用，维持了近千年，直到北宋仁宗景祐元年（公元1034年），黄河未进行过重大改道，也未发生过特大洪水，被公认为一项了不起的成就，不能不说是一个奇迹。

（二）灌区兴建

农田灌溉在中原地区起源很早，在战国人所著地理书《周礼·职方氏》中，已对全国主要自然水体的分布有概括的叙述。人工灌溉系统由有蓄水、输水、分水、灌水、排水等不同功用的各级渠道组成，称作“井田沟洫制度”。

春秋战国时期兴建的灌溉工程气魄宏大，有坝引水工程如漳水十二渠和蓄水工程芍陂，无坝引水工程如都江堰和郑国渠，都是这一时期兴建的著名大型灌溉工程。

战国时期，魏国邺城（今河北省临漳县西）的漳河经常泛滥成灾。为了解除漳河水患，当地人想了很多办法，但都无济于事。洪水冲毁房屋，淹没庄稼，百姓深受其害。后来，邺城的一些地方官、地主、豪绅串通一气，说漳河闹灾是河伯显灵，只要每年挑选一位美女送给河伯做夫人，就可以使水灾平息。这样，官府年年驱使百姓给河伯娶妻，把年轻姑娘扔进漳河。他们的目的是趁机向老百姓索取大量钱物，然后分赃，中饱私囊。天灾人祸使邺城百姓无法生活下去了。。特别是那些家里有年轻姑娘的百姓，担心自己的女儿被选中，只得背井离乡，

四处逃亡。

邺城是军事要地，地处韩国和赵国之间，西边是韩国的上党，北边是赵国的邯郸。这么重要的地方不治理好当然不行，于是魏文侯派精明强干的西门豹去当邺令。

西门豹到邺城后，明察暗访，了解真实情况，趁给河伯娶妻的机会将巫婆投进漳河，震慑了当地的官吏和土豪劣绅，然后依靠百姓的力量开了漳水十二渠，用以灌溉田地，使邺城很快便富甲一方了。

漳水十二渠是我国多渠首制引水工程之始，意义非比寻常。

多渠首是从多处引水，渠首有多个，“十二渠”即修筑十二个渠首，用以引水。

漳水是多泥沙河流，多首引水正是适应这种特点而创制的。多泥沙河流因泥沙淤积，常使主流迁徙，不能与渠口相对应，以致无法引水。多设引水口门，即可避免这样的弊端。此外，如果一条引水渠淤浅了，立即可以用另一条引水渠来引水清淤。漳水十二渠设计合理，不但有引灌、洗碱、清淤、泄洪的功能，而且易于维护，反映出当时农田灌溉技术的进步。直到汉朝初年，漳水十二渠仍能起到很好的灌溉作用。

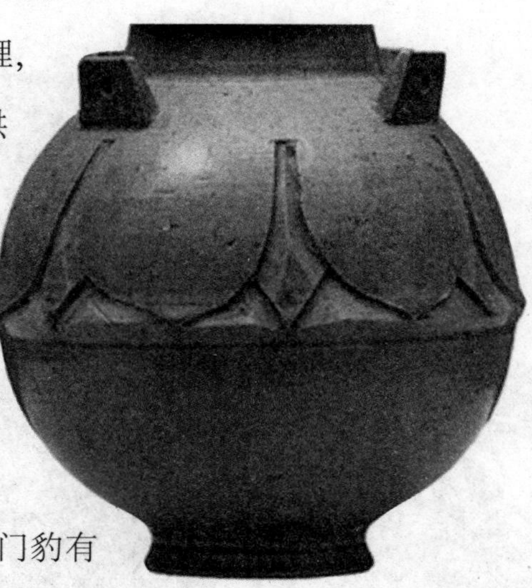

司马迁在《史记》中对西门豹有

极高的评价，他说西门豹担任邺令，名闻天下，泽被后世，无休止之时，可谓贤大夫。

孙叔敖出任楚国令尹之后，大力推行水利建设。楚庄王十七年（公元前597年），孙叔敖主持修建了我国著名的蓄水灌溉工程——芍陂。芍陂因流经芍亭而得名。芍陂在安丰城（今安徽省寿县境内），位于大别山北麓余脉。这里东、南、西三面地势较高，北面地势低，向淮河

倾斜。每逢夏秋雨季，山洪暴发，频发涝灾；雨少时又常常出现旱灾。这里是楚国北疆的农业区，粮食生产的好坏关系到军需民用，非同小可。

孙叔敖根据当地的地形特点，组织百姓将东面积石山、东南面龙池山和西面六安龙穴山流下来的溪水汇集于低处的芍陂之中，修建五个水门，以石质闸门控制水量，水涨则开门分水，水落则闭门蓄水，避免了水多时洪涝成灾，天旱时又能有水灌田。后来，孙叔敖又在芍陂西南开了一道子午渠，上通淠河，扩大芍陂的水源，使芍陂能够灌田万顷。

芍陂建成后，安丰一带每年都产出大量的粮食，很快成为楚国的经济基地。兵精粮足，楚国迅速强大起来，打败了实力雄厚的晋军，楚庄王一跃而成为“春秋五霸”之一。

三百多年后，楚考烈王二十二年（公元前241年），楚军被秦军打败，考烈王便把都城迁到这里，并把这里改名为郢，因为这里是鱼米之乡，适于定都。

如今，芍陂已经成为“淠史杭灌区”的重要组成部分，灌溉面积高达60余万亩，兼有防洪、除涝、水产、航运等多种综合效益。

为感谢孙叔敖建陂之恩，后人在芍陂建祠立碑，称颂他的丰功伟绩。1988年1月，芍陂被列为全国重点文物保护单位。

秦自战国后期起，国力日渐强大。它除了重视经营东方和南方外，也很注意开拓西方和北方。它先后打败了西戎义渠和游牧民族匈奴，将领土扩大到河套及其西南的广大地区。秦国为了巩固对这些地方的统治，除派驻重兵、营建西北长城外，又在当地设立郡县，进行治理。秦国既然在这里筑长城，驻戍兵，派官吏，治百姓，为解决官兵的粮食问题，自然有必要兴建水利，以开发当地的农业生产。宁夏平原黄河以东的秦渠，就是因为它凿于秦而得名。秦渠又名北地东渠，与它位于北地郡黄河以东有关。除河东秦渠外，秦还在河西开凿渠道，后人称为北地西渠。

在今成都平原的都江堰、陕西的郑国渠（今泾惠渠的前身）都是秦统一六国前为了增加统一战争的战略物资储备而兴建的灌溉工程。

都江堰位于四川成都平原西部的岷江上游，距成都112里，是秦国蜀郡守李冰于秦昭王五十一年（公元前256年）修建的一座大型水利工程，是我国现存的最古老而且依旧在灌溉田地、造福百姓的伟大水利工程，使蜀地有“天府之国”的美誉。它是我国科技史上的一座丰碑，被誉为世界奇观。2000多年来，它一直起着引水灌溉的作用，至今已成功地运行了2000多年，灌溉面积已经增加到1000多万

亩。

成都平原在古代是一个水旱灾害十分严重的地方。岷江是长江上游的一大支流，流经四川盆地西部。岷江出岷山山脉，从成都平原西侧向南流去，对整个成都平原来说是地上悬河，而且悬得十分厉害。每当岷江洪水泛滥时，成都平原就变成一片汪洋；一遇旱灾，又是赤地千里，颗粒无收。岷江水患长期祸及西川，成为蜀地生存发展的一大障碍。因此，秦昭王委任识天文、知地理、隐居岷山的李冰为蜀郡守。李冰上任后，下决心根治岷江水患，发展川西农业，造福成都平原。

都江堰渠首工程是由宝瓶口引流工程、鱼嘴分流堤、飞沙堰溢洪道三大工程

组成的，具有灌溉、防洪、放水等多种功能，是古代劳动人民的杰作，在世界上实属独一无二。

首先，李冰父子对地形和水情作了实地勘察，决心凿穿玉垒山引出泯江之水。由于当时还未发明火药，李冰便以火烧石，令其膨胀，再以冷水浇之，使岩石爆裂。这样，终于在玉垒山凿出了一个宽20米、高40米、长80米的山口。因其形状酷似瓶口，又引出贵如珍宝的泯江之水，故取名“宝瓶口”。打通了玉垒山，岷水流向东边，减少了西边岷江的流量，使其不再泛滥。同时，也解除了东边地区的干旱，使滔滔江水流入旱区，灌溉农田。

在李冰的组织带领下，人们克服重重困难，经过8年的努力，终于建成了都江堰这一历史工程。

都江堰建成之后10年，秦王政元年（公元前246年），秦国又在泾水之上兴

建了郑国渠。

原来，战国（公元前475年-公元前221年）后期，韩桓惠公看到秦国统一六国已是大势所趋，为了削弱秦国的实力，他派韩国水工郑国到秦国劝秦王嬴政（即后来的秦始皇）兴修水利，想利用浩大的工程来消耗秦国的人力、财力和物力，从而达到“疲秦”的目的。这时，十分有远见的秦王正为国内多旱少雨、盐碱遍地而发愁，便立即采纳了郑国的建议，命令郑国在关中渭北平原上修建一条大渠。因是郑国带头修建的，故名郑国渠。

这条大型灌溉渠西引泾水东注洛水，全长300余里。泾河从陕西北部群山中流出，流至礼泉后进入关中平原。关中平原东西数百里，南北数十里，西北略高，东南略低。郑国充分利用这一有利地形，在礼泉县东北的谷口开修干渠，形成了全部自流灌溉系统，灌溉着今礼泉、泾阳、三原、高陵、临潼、富平、渭南、蒲城、大荔等县（区）的280多万亩土地。郑国渠开凿以来，由于泥沙淤积，干渠首部逐年增高，以致水流不能入渠，于是人们便在谷口地方不断改变河水入渠处，但谷口以下的干渠渠道始终不变。

郑国渠用富有肥力的泾河泥水灌溉

田地，可以使淤田压碱，变沼泽盐碱之地为肥美良田，使关中一跃成为全国最富庶的地区。从此关中平原沃野千里，兵精粮足，为秦国统一天下发挥了巨大的作用。

郑国渠发挥灌溉效益长达百余年，首开关中引泾灌溉之先河，对后世引泾灌溉产生了深远的影响。

秦朝之后，历代统治者继续在关中完善其水利设施，如汉朝开凿了白公渠。汉朝有民谣歌颂道："田于何所？池阳、谷口。郑国在前，白渠起后。举锸为云，决渠为雨。泾水一石，其泥数斗，且溉且粪，长我禾黍。衣食京师，亿万之口。"这里歌颂的就是引泾工程——郑国渠和白渠。

在汉朝的农田水利设施中，除上述明渠外，还有一类是坎儿井。坎儿井又称井渠，由竖井、暗渠、明渠等几部分组成，每条坎儿井的长度由一二里到一二十里不等。暗渠是地下渠道，其作用为拦截地下水，并将它引出。暗渠每隔一二十米，便

在其上立一竖井，井深从几米到几十米，视含水层深浅而定。每条暗渠的竖井，少则几眼，多则一二百眼。它是开凿、修理暗渠时掏挖人员的上下通道，又有出土、通风、采光等作用，还依靠它来确定暗渠的坡度和方向。

原来，南疆吐鲁番和哈密两盆地都位于天山南麓，地下蕴藏着丰富的水渠。每当天山积雪融化时，便形成许多巨大的水源。聪明的盆地居民为了把水源的水引

来灌田，便向水源方向挖渠。因地面的水渠容易蒸发，便在地下挖。地下渠把水引来后，因水中有泥沙，常常堵塞渠道，于是人们每隔不远就挖出一口竖井，便于下去疏通渠道。这和下水道的原理是一样的。

新疆雨量极为稀少，全年只有几十毫米，而气候干燥，年蒸发量竟高达几千毫米，蒸发量是降雨量的100多倍，如果采用明渠灌溉，渠水多被蒸发，而蒸发对坎儿井的威胁极小。

吐鲁番和哈密两盆地的坎儿井共1000多条，暗渠的总长度约5000千米，可与我国历史上的万里长城和京杭大运河媲美。当年，林则徐被贬新疆时，看到坎儿井，大为惊讶，曾赋诗赞扬。

西汉定都长安，关中是京中官吏、军队、百姓食用粮食的主要供给地。因此，西汉一代除凿漕渠从东方运粮入关外，更主要的是在关中增建灌溉工程，增加

当地的粮食产量。在短短的几十年间，开凿了龙首渠、六辅渠、白渠、成国渠等大批农田水利工程。

西汉关中灌渠的开凿，从龙首渠为开始，引洛水灌溉重泉（今蒲城东南）以东10000多顷盐碱地。由于土质疏松，如果开凿明渠，渠岸极易崩塌，遂改用井渠结构。井渠由地下渠道和竖井两部分组成。前者为行水路线，后者便于挖渠时人员上下、出土和采光。最深的竖井40多丈。因为凿渠时挖出许多骨骼化石，人们误以为是龙骨，所以便称此渠为龙首渠。

六辅渠是汉武帝元鼎六年（公元前111年）兴建的，是6条辅助性渠道的总称，用于灌溉郑国渠上游北面的农田。这些农田地势较高，郑国渠灌溉不到。六辅渠建成后，为了更好地发挥这一工程的作用，汉武帝规定了“水令”。这是见于记载的我国较早的用水制度。

汉武帝太始二年（公元前95年），动

工开凿白渠。渠首也在谷口，渠道在郑国渠南面，向东南经池阳（治所在今泾阳县西北）、高陵、栎阳（治所在今临潼县东北）注入渭水。此渠全长200里，灌溉郑国渠所灌溉不到的4500余顷农田。

白渠建成以后，谷口、池阳等县因为有郑、白两渠的灌溉，便成为不再旱涝的高产区。

白渠的溉田面积虽然远比郑国渠小，

但是由于它比郑国渠合理，因而不像郑国渠那样易被泥沙堵塞，白渠在历史上长期发挥作用，在唐、宋时还有所发展，而郑渠的下游很快就不能灌溉了。

汉元帝建昭五年（公元前34年），南阳太守召信臣截断湍水，开三座闸门提高水位灌溉农田。最长的渠道系由闸门渠首向东修干渠，经穰县城向东北，再折向东南进入新野，全长200里。沿干渠筑陂、堰29处，农田受益面积30000顷。

汉平帝元始五年（公元5年），又开了三座闸门，总共六座石门，故号六门堰，也称六门堤，灌溉穰县、新野、朝阳三县土地五千余顷。

西汉末年，六门堤系统失修。东汉光武帝建武七年（公元31年），南阳太守杜诗修复六门堤，并加以扩展，将陂堰增至31处，农田受益面积四万顷。

六门堤系统下通29陂，诸陂蓄水相互补充，形成排水、蓄水、灌溉相结合的水利体系。像这种“长藤结瓜”的独特水利形式，标志着西汉时期南阳郡水利建设已经达到了一个新的水平。

汉顺帝永和五年（公元140年），会稽太守排水筑堤，变湿淤之地为良田，这就是著名的鉴湖工程。它是长江以南较早的大型塘堰工程，位于今浙江绍兴城南，又名镜湖。筑塘300里，灌田9000顷。绍兴境内，东南至西北一线以南为山地，北部为平原，北为杭州湾。鉴湖是拦蓄山北诸

小湖水所形成的东西狭长的水库，堤长130里，东起曹娥江，西至西小江，中有南北隔堤，将鉴湖分作东西两部，沿湖有放水斗门69座，历代有所增减。由于湖水高于农田，农田又高于江海，因此，干旱时开斗门涵洞放湖水灌田；雨涝时排田间水入海或关闭斗门、涵洞拦蓄山溪洪水。

（三）运河的开凿

商朝末年，周太王的长子泰伯将王位继承权让给三弟季历，自己到荆吴（太湖流域）定居后，率领百姓开凿了一条规模可观的运河，人称“泰伯渎”，位于今无锡市东南。

春秋时期，运河开凿渐多，有的为陈、蔡两国所开凿，在今淮水上游；有的为楚国所开凿，在今湖北、安徽境内；有的为吴国所开凿，在太湖流域和长江、淮河、黄河之间。

泰伯建立吴国后，励精图治，百姓得以安居乐业。到春秋末年，泰伯后代阖闾、夫差父子相继为王。由于太湖流域有了初步开发，又有伍子胥、孙武等人的辅佐，国力逐渐强大，对越国、楚国不断发动战争。

为了在战争中运兵和运粮，公元前6世纪末至公元前5世纪初，吴国在太

湖流域，在自然河道的基础上开凿了3条运河：

一、胥浦，北起太湖之东，南至杭州湾。这是一条越国发动战争需要出发而开凿的运河。

二、胥溪，位于太湖之西，是沟通太湖、长江的运河，便于吴国战船向西进入楚国。

三、湖东运河，由太湖之东的吴国（今江苏省苏州市）北上，到今江阴西部与长江汇合，便于吴船经此骚扰长江下游的楚地。

吴国大军在伐楚之前，采用声东击西的“疲楚”战术。这一战术就是利用后两条运河，或向西扰楚，或向北扰楚，使楚军防不胜防，疲于奔命。“疲于奔命”的典故即源于此。

这3条运河的开凿，不仅促进了区域性的统一，而且还为后来的江南运河奠定了基础。

周敬王十四年（公元前506年），吴军大败楚师于柏举（今湖北麻城市东北）。

周敬王二十六年（公元前494年），吴军大败越师于夫椒（今太湖西洞庭山）。

经此两次大战后，楚国一蹶不振，越国也臣服于吴了。

吴王夫差认为自己在长江流域的霸主地位已经确立，便决定向北方讨伐，强迫晋、齐、鲁、宋等黄河流域的诸侯俯首听命。为了向北方运兵，夫差下令建筑邗城，开凿邗沟。

周敬王三十四年（公元前486年），吴

国筑邗城，沟通江淮。邗城即扬州，在今扬州市西北郊蜀冈一带，遗址周长近20里。这是扬州建城的开始。

吴国筑邗城，目的是在长江北岸建立一个进军北方的基地。

接着，便开始开凿邗沟，旨在便于运送军队和粮秣。这条邗沟从邗城西南引进长江之水，经过城东向北流，从陆阳、广武两湖（两湖分别位于今高邮市东部和西部）中间穿过，北注樊梁湖（今高邮市北境），又折向东北，连续穿过博芝、

射阳两湖（两湖位于兴化、宝应间），再折向西北，到末口（今淮安市东北）入淮，全长300千米。

邗沟的线路比较曲折，目的在于利用当地的众多湖泊，以便减轻施工的负担，提高施工的速度。

邗沟凿通后的第2年，即周敬王三十六年（公元前484年），吴军北上，与齐军大战于艾陵（今山东泰安南）。齐军几乎全军覆灭，主将国书及其以下五大夫或战死，或被俘，损失兵车800乘。

打败齐军后，吴王决定再开一条运河——菏水，以便进军中原，迫使当时北方诸侯首领晋国就范。

黄、淮之间的东部有2条大河：

一、济水，是黄河的汊道，首起荥阳，向东流经菏泽（今山东定陶东北，已淤）、大野泽（又名巨野泽，今巨野县北，已淤），折向东北，注入渤海。

二、泗水，发源于鲁中山地，流入淮

水。

泗水和济水相距不远，只要在它们中间开一条运河，吴国的军队便可以从淮水北溯泗水，再通过运河，循济水直达中原腹地。

周敬王三十八年（公元前482年），夫差下令在泗、济之间凿出了一条运河。这条运河东起湖陵（今山东鱼台县北），西到与济水相连的菏泽。因其水源来自菏泽，故称荷水。

当年夏天，夫差率领吴国大军沿菏水到达黄池一带（今河南封丘县西南），

召集北方诸侯举行历史上著名的黄池盟会。晋国自晋文公以后的100多年中，一直是北方诸侯的首领，当然不肯轻易放弃这一特殊地位。因此，在这次盟会上，吴、晋双方各不相让。正当两军剑拔弩张时，吴王接到空虚的吴都被越军攻破的消息，只好向晋国让步，匆忙率军南归。

邗沟和菏水工程比较粗糙，邗沟的河道又较曲折，航运受到一定的影响。但这两条运河毕竟沟通了江、淮、泗、济诸水，对加强长江、淮河、黄河三大河流域的经济、政治、文化联系起到了重要的作用。

战国初年，魏国最早进行变法。魏文侯在位时（公元前445年-公元前396年），在李悝、吴起、西门豹等人的辅佐下，魏国军事力量曾盛极一时。战国中期，魏惠王仍然雄心勃勃，力图称霸中原。为了达到这个目的，魏惠王九年（公元前361

年)，将都城由安邑（今山西夏县西北）迁到大梁（今河南开封市）。接着，又以大梁为中心，在黄、淮之间开凿大型水利工程——鸿沟。

鸿沟是沟通黄、淮两大水系的水运枢纽。这一工程是从黄河的汊道济水引黄河水南下，注于大梁西面的圃田泽（已淤），再从圃田泽引水到大梁。当时圃田泽是一个湖泊，方圆300 里，既可作为鸿

沟的水柜，调剂鸿沟的水量；又可使水中的泥沙在这里沉淀，减轻下游航道的淤塞。接着，又将大沟向东延伸，经大梁北郭到城东，再折而南下，至今河南沈丘东北与淮水重要支流颍水汇合。这条人工河道史称鸿沟。

鸿沟从大梁南下时，一路上沟通了淮河的另一批支流，如丹水（汴河上游）、睢水（已淤）、濊水（今浍水）等。

过去，魏国境内可通航的河道较少，黄河多沙，只有部分河段可以行舟，丹水、睢水、濊水、颍水等流程短，水量少，航运不发达。鸿沟凿成后，引来了丰富的黄河之水，不仅鸿沟本身成为航运枢纽，而且丹水、睢水、濊水、颍水等也因此补充了水量，航道畅通，内河航运有了很大的发展。

鸿沟水系不仅改善了魏国的水上交通，由于这些水道还可灌溉农田，因此也促进了魏国农业的发展。鸿沟和丹水、睢

水、濊水、颍水等流域是战国后期我国最主要的产粮区之一。

鸿沟凿成后，中原地区可以通过鸿沟本身及丹、睢、濊、颍等水入淮，与南方吴、楚等地的水上交通远比以前方便了。

鸿沟的开凿，使中原地区对其他各地的水上交通也大为改观了。它可以循济、丹等水东通卫、宋和齐、鲁，利用黄河北通赵、燕，西连韩、秦。

开凿鸿沟后，黄河中下游和淮水流域出现了大批商业城市。此外，在鸿沟河网中还兴起了一批新的城市，如丹水和泗水汇合处的彭城（今江苏省徐州市），睢水之滨的睢阳，颍水入淮处的寿春等。鸿沟到汉朝时称狼荡渠，在历史上长期发挥重要的作用。

秦始皇二十六年（公元前221年），秦始皇统一了北方六国。接着，秦军又对江南的浙江、福建、广东、广西地区的百越发起了大规模的进攻。开始时，秦军在战场上节节胜利，但当他们打到两广地区时，虽然苦战三年却毫无建树。原来，由于五岭的阻隔，粮秣运输困难，使秦军补给供应不上。士兵经常饿肚子，当然不可能打胜仗了。秦始皇找到了问题的症结后，立即命令监御史禄劈山凿渠。于是，秦始皇二十八年（公元前219年），监御史禄负责开凿运河，以解决军队的给养问题。五岭山脉中的越城岭和都庞岭之间

有一个谷地，谷地中有两条自然河道，一条是湘江上游海洋河，另一条是珠江水系的始安水。如果在两水之间凿一条运河，就可沟通长江和珠江，解决秦军的粮运问题了。海洋河和始安水相距很近，最近处只有3里。但海洋河和始安水之间横亘着高约百尺、宽约1里的小山。在监御史禄的带领下，秦军克服种种困难，经过几年的努力，终于在秦始皇三十三年（公元前214年）凿通了运河。这就是中国历史上

有名的灵渠。它把长江水系和珠江水系连接起来，使秦国的援兵和补给源源不断地运往前线，最终把岭南的广大地区全部划入了秦王朝的版图。

灵渠位于湘桂走廊中心的兴安县境内，与四川的都江堰、陕西的郑国渠并称为秦国的三大水利工程。

灵渠又称兴安运河，全长虽然不到 80 里，是一条小型运河，但因为它沟通了长江、珠江两大水系，因而地位十分重要。它不仅在秦朝，而且在以后2000多年中，都是连接内地和岭南的主要交通孔道，对促进南北交流，加快岭南开发，意义都非常重大。

秦朝灭亡后，刘邦建立了西汉。西汉建都长安，到刘邦的曾孙汉武帝在位时期，由于长安人口的不断增加，又要用兵讨伐匈奴和经营西域，中央政府的粮食需求量越来越大，最终供不应

求。为了解决这一问题，西汉政府一面在关中兴修水利，大力发展农业生产，就近取粮；一面改善水运条件，以便从当时主要产粮区——我国东南一带运粮入京。

当时，渭水虽然也能运粮，但它多沙，水道又浅又弯，运输能力很差。从长安东到黄河，陆路只有300多里，而弯弯曲曲的渭河水道竟达900多里。由于封冻和水量不足等原因，渭水1年中只有6个月可以勉强通航。渭河年运输量只有几十万石，而汉武帝每年要从东方调入几百万石粮食才够用。正当汉武帝为粮食急得寝食不安时，大司农郑当时建议在渭水之南凿一条径直的运粮渠道。汉武帝一听大喜，立即准奏。因这条渠道是运粮的，所以历史上把这条渠道称为漕渠。

漕渠工程动工于汉武帝元光六年（公元前129年），渠首位于长安城西北，引渭水为水源，经长安城南向东，与渭水平行，沿途接纳泬水（皂河）、浐水、霸水，以增加漕渠的水量。这些河水都发源于终南山，含沙量很小。漕渠穿过霸陵（治所在今西安市东北）、新丰（治所在今临潼区东北）、郑县（治所在今华县）、华阳（治所在今华阳县东南）等县，到渭水口附近与黄河汇合，全长300多里，历时3年完工。

汉武帝元狩三年（公元前120年），又在长安西南凿了一眼昆明池，周长40多里，将沣水、滈水拦蓄池内。凿昆明池除了用来操练水兵外，还可以调剂漕渠水量，供应京城的生活用水。

漕渠的通航能力很高，一直是西汉中后期东粮西运的主要渠道，年运输量在400万石左右，最高年份达到600万石，约为渭水运量的10倍。

西汉亡国后，东粮不再西运长安，漕渠因年久失修而逐渐湮废了。

汉光武帝刘秀建立东汉后，定都洛

阳，漕运工程的重点随之东移。洛阳虽有洛水可通黄河，但洛水大部分河段河床都很浅，不便航运。为了使粮船可以直达京师，汉光帝决定开凿阳渠。除引谷水外，又引来了洛水干流。此后，来自南方、东方、北方等地的粮船，经邗沟、汴河、黄河等航道，再循洛水、阳渠，可在洛阳城下傍岸了。

从西汉后期到王莽统治时期，由于黄河一再决口，鸿沟水运体系已经支离破碎，有些运道完全断航。由丹水演变而来的汴河，航道也经常受阻。汴河是洛阳的主要粮道，在全国入京的租赋中，来自豫、兖、徐、扬、荆等州所占比重很大，多循汴河入京。因此，东汉朝廷非常重视对汴河的治理。

汉明帝永平十二年（公元69年）由王景、王吴主持的治河、治汴工程，成绩卓然。黄河泛滥是汴河堵塞的根源，治汴必须治河。治汴工程主要有改造渠口和

筑堤、浚渠等。从荥阳到泗水，汴河全长800里，他们全面建筑河堤，深挖河床。经过这次治理，汴河的漕粮能力大大提高了。

河北平原位于黄河下游北面，太行山之东，燕山以南，东临渤海。这里河流纵横，水道众多。南部多为黄河故道，由西南流向东北；中部之水源出太行山，多为东西流向；北部诸河发源燕山，为南北流向。这些河都流入渤海，流短水少，不便航运。不过，如能在各河之间凿渠沟通，将它们连缀起来，水源得到调剂和集中，航运效益便会大大提高。于是，曹操开凿了利漕渠。

邺城北控河北平原，南联中原腹地，地位重要，本是袁绍、袁尚父子的大本营。曹操消灭袁氏后，将自己的政治中心由许都（今河南许昌市）北迁到这里。曹操重视对邺城的建设，为了发展这里的

水路交通，特地开凿了一条利漕渠。

利漕渠开凿于汉献帝建安十八年（213年），以漳水为水源，经邺城向东到馆陶县西南与白沟衔接。白沟是当时河北地区重要的水上交通线，利漕渠凿成后，邺城因有白沟之利，对幽燕中北部的控制和对黄河以南的联系，都大大加强了。曹操死后，其子曹丕逼汉献帝禅位，建立了魏朝，中国历史进入了三国时期。

经过千百年的努力，到两汉时，我国的运河工程已经取得了很大的成就。东起沿海地区，西到关中，南起湘桂，北到幽燕，都有运河可通。这对促进各地区、各民族之间经济、文化的交流和边疆地区的开发，都起到了巨大的作用。

（四）海塘工程

我国江苏、上海、浙江三地沿

海地区自古就有潮灾。从浙北到苏北，地势低平，大部分地区潮灾严重。

苏北和浙北都属冲积平原。12 世纪，苏北海岸线尚在今盐城县治到东台县治附近，后来，由于黄河和淮水泥沙的沉积，把大片海域变为平原，海岸线东移了100多里。

在苏南，4世纪，海岸线约在今嘉定县治到奉贤县治一线附近，由于长江和钱塘江的泥沙堆积，到12世纪，海洋后退了，海岸线东推到川沙、南汇一带。今日沪东的大部分土地都在这七八百年中淤积而成。

浙江绍兴萧山以北一带的情况也是如此。由于钱塘江泥沙的沉积和潮水对泥沙的搬迁，海岸线也在北推，平原也在扩大。

这些冲积平原海拔低，一般只有几米，有些地方甚至低于海平面2米。冲积平原土壤松软，含有丰富的有机质和矿物质，有利于农作物的生长。因此，当它成陆不久，人们很快就将它开发成高产农田了。

宋朝以来，松江、嘉兴等地成为我国重要的产粮区，即与此有密切的关系。又由于它濒临大海，具有优越的条件生产海盐，因此，苏北长期以来，都是我国海盐最重要的生产基地之一。钱塘江南北也是如此。

从浙北到苏北一带的沿海都有较大的涌潮，往往会淹没新淤成的土地，破坏盐灶。为了防止潮灾，苏、沪、浙沿海百姓修建了伟大的防潮工程——海塘。海塘在苏北称为海堤，在苏、松和两浙则称为海塘。这些工程，开始修建于秦、汉，后来不断发展，由短塘扩展为长塘，由土塘进步到石塘，终于形成一座海岸长城，北起江苏连云港，南到浙江上虞。

秦始皇三十七年（公元前210年），设钱唐县，治所在今杭州灵隐山脚。古代唐塘通用，唐即塘，也就是堤。以钱唐作县名，因为当时已有海塘。秦朝为征服涌潮，在钱塘江边修建海塘。《水经注·浙江水》转引《钱塘记》说钱唐县东一里左右，有一条防海大塘，名叫钱塘。

（五）水利科学

春秋战国时期活跃的学术氛围也推动了水利基础科学理论的兴起，秦汉水利建设的高潮更为水利科学的形成创造

了条件。司马迁在《史记·河渠书》中赋予“水利”一词以专业的含义，水利成为有关治河、防洪、灌溉、航运等事业的科学技术学科，将从事水利工程技术工作的专门人才称作“水工”，主管官员称作“水官”。水利学作为与国计民生密切相关的科学技术的应用学科由此诞生了。

在先秦时期的文献《周礼》《尚书·禹贡》《管子》《尔雅》中，涉及水利科学技术的内容较多。基础性的理论纷纷提出，主要反映在水土资源规划、水流动力学、河流泥沙理论、水循环理论等。

秦汉水利建设形成了我国历史上第一次水利建设的高潮，有关水利的记载大批出现，水利科技的基础理论进一步深化。对后世影响较大的《史记·河渠书》是中国第一部水利通史，正是它确立了传统水利作为一个学科和工程建设重要门类的地位。

二、三国至唐宋时期

魏晋南北朝时期，群雄以黄河为主要战场，进行了长达300年的混战，促使中原地区的官民大量南迁。这时，南方政权相对稳定一些，水利工程建设取得了一定进展。

随之而来的唐宋两朝，500多年间，全国范围内出现了基本稳定的政治局面，为水利发展提供了有利的条件。防洪、灌溉、航运建设都取得了重大的成就。

安史之乱后，北方农业经济一度衰退，而南方继续稳定发展，全国经济重心南移。

唐朝社会的开放风气和宋朝学术思想的活跃都为科学技术的进步创造了良好的条件。在历代水利建设经验积累的基础上，水利科学技术取得了长足的进步。此时中国古代传统水利技术发展到了高峰，位居世界水利技术的前列。

(一) 防洪与治河

五代以前，黄河相对稳定一些，很少决堤。

五代至北宋，由于黄河泥沙多年淤积，河床抬高，黄河决堤溢洪现象日渐严重。

经过长期的泥沙淤积，王景、王吴治理的这条原来地势较低、河床较深的河道，又被逐渐抬高了。到唐朝时，决口泛滥开始增多。

宋仁宗庆历八年（1048年），河决濮阳，终于发生了一次重大的改道，黄河向北流经馆陶、临清、武城、武邑、青县等地，至今天津入海。

这时，和朝廷两派大臣政治斗争一样，防洪方略也存在着严重的分歧，突出表现在关于黄河东流与北流的争论，使防洪问题更加复杂了。

宋高宗建炎二年（1128年），金兵南下，东京留守杜充妄图用河水阻挡，决开

黄河南堤。军事目的并未达到，却酿成豫东、鲁西、苏北的特大水灾。黄河下游河道再一次大迁徙，夺泗水、淮水河道，与泗、淮合流入海。这条由人工决口形成的黄河下游新道问题很多，从决口到泗水一段系在泛滥中形成，河床很浅，极易泛滥成灾；泗水以下一段河道狭窄，又有徐州洪、吕梁洪之险，很难容纳下黄河汛期的洪水。

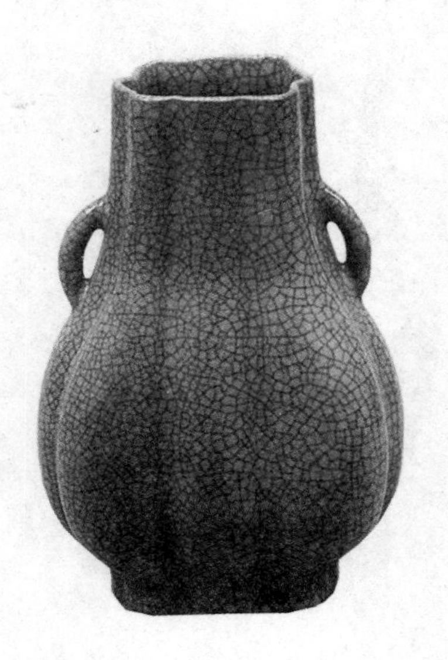

当时，宋金南北割据，淮河成了南北分界线，治理黄河根本不可能了。防洪治河的重任只得留待后世王朝来完成了。

（二）灌区兴建

秦汉以前，我国经济重心主要在黄河流域。其后，基本经济区逐渐向南方扩展。

三国至南北朝时期（约公元3世纪~6世纪），淮河中下游成为继黄河流域之后

的又一基本经济区。

隋唐宋时期（约公元7世纪~13世纪），长江流域和珠江流域的经济地位日渐突出。其中，长江中下游已成为全国的经济中心。人们常说，国家根本，仰给东南。指的就是这里。

随着经济区的扩展，水利建设也取得了长足的进步。

圩田是太湖以及长江中下游地区农田的主要灌溉、排水形式，到唐朝末年时已有相当大的规模了。圩田是在滨湖和滨江低地兴修的一种水利工程形式，四周围以堤防，与外水隔开。其中建有纵横交错的灌排渠道，圩内与圩外水系相通，但其间用闸门隔开，利用开闸或关闸控制引水和排水，对天然降水不均的情况起到重要的调节补充作用。因此，人们称之为“以沟为天”。北宋范仲淹曾描述圩田说：“江南旧有圩田，每一圩方数十里，如大城，中有河渠，外有门闸。旱则开闸引

江水之利，涝则闭闸拒江水之害。旱涝不及，为农美利。”

除圩田外，灌溉工程在全国普遍兴建。唐朝浙江鄞县的它山堰是在奉化江支流鄞江上拦河筑坝的引水工程。拦河坝隔断了顺鄞江逆流而上的海潮，积蓄了上游淡水，从而达到“御咸蓄淡”、引水灌田和向城市供水的目的。

唐宋时期，灌溉提水机械和水力加工机械都有很大的发展，其中用水力驱动的灌溉筒车和主要用于粮食加工的水

碾、水磨等在黄河、长江、珠江等流域得到了普遍应用。

太湖流域是以太湖为中心，包括江苏省南部、浙江省北部和上海市大部分地区。它西起茅山和天目山，东临东海，北滨长江，南濒杭州湾，总面积36000多平方千米。

早期，太湖流域被认为是全国较差之地。《禹贡》将全国分为九州，并定出每州的等级，较好的是“上上”，最差的为“下下”，共定九等。当时，太湖流域属“下下”等。而到宋朝时期，以苏、杭二州为中心的太湖流域地位急剧上升，被认为是全国较好的地方，是“人间天堂”。这都是兴修水利工程的结果。

太湖流域的农业需人工灌溉，特别是占流域面积22%的山区和丘陵区的农业。因此，隋唐两宋时期，这里修建了好多陂塘等蓄水工程，多达十几处，其中最重要的就是钱塘湖。

钱塘湖即西子湖，也就是现在的杭州西湖。

西湖由大诗人白居易主持凿建，它以江南河为灌溉干渠，灌溉钱塘（今杭州市）、盐官（今海宁市）一带农田四千多顷。

太湖流域虽然有许多自然河道可资排洪，如松江、娄江（浏河）和江南大运河。但是，由于太湖流域62%的地区为平

原和洼地，而台风暴雨又来势凶猛，洪水仍然无法及时排出，洪涝之害大大超过旱灾。这就有必要修建更多的以排洪为主的工程。

隋唐两宋时期，在太湖流域修建的、对排洪有重要意义的水道数量很多，有唐朝的元和塘、孟渎、泰伯渎、汉塘和宋朝的至和塘等。除这些主要的水道外，还以这些主要水道为干道，建成了众多的泾浦，也就是小河道。这样，太湖流域的水道密如蛛网，太湖区真的成了水乡泽国了。

圩田虽不能抗御大旱大涝，但对一般水旱有自卫能力，其经济效益远远高于普通农田，它是水乡人民伟大的创造。南宋时，太湖流域圩田分布就已经很广，在今苏州、吴江、常熟、嘉定等县市已有1500多圩田。河网化和圩田化建设促进了太湖流域农业生产的发展，终于成了国家粮食的主要供应地。

（三） 运河开凿

内河航运是古代实现政治统一、经济发展和文化交流的主要交通渠道。

长安位于八百里秦川的中心，土地肥沃；平原四周又有大山环抱，退可以守，进可以攻。因此，隋文帝杨坚结束魏晋南北朝的分裂局面后，便以长安作为帝国的都城。

但是，魏晋南北朝时期政局动荡，关

中经济遭到破坏，已经难以与盛极一时的西汉相比了。

西汉时，仅郑白渠即可灌溉农田40000多顷。魏晋南北朝时，这里有许多灌溉工程因无暇维修而湮废。因此，隋文帝定都长安后，仰仗东粮西运的程度远远超过了西汉。西汉时，因渭水运量很少，曾凿过一条名叫漕渠的运河。后来，东汉定都洛阳，粮食要西运到洛阳，漕渠由于年久失修，报废了，隋文帝只好开新渠。

北周文帝开皇元年（公元581年），隋文帝命大将郭衍为开漕渠大监，凿渠引渭水，经大兴城（长安城）北，东至潼关，全长400余里，名曰“富民渠”。

富民渠虽然发挥了重要的作用，但因仓促完工，渠道又浅又窄，航运能力有限，难以满足日益增加的东粮西运需要。

隋文帝开皇四年（公元584年），隋文帝下令再次动工，对富民渠加以改建。这次改建要求凿得又深又宽又直，可通巨舫。

舫是一种两舟相并的船，体积大，运粮多。改建工程由杰出的工程专家、大兴城的设计者宇文恺主持。在上下共同努力下，工程进展顺利，当年就竣工了。

此渠自大兴城至潼关，全长300余里，命名为广通渠。广通渠的运量大大超过旧渠，因此也就大大地缓和了关中地区粮食的紧张情况。隋文帝开皇五年（公元585年），关中大旱，但旱而无灾，全靠这条河运来粮食。

从潼关以东运粮进入关中，广通渠以东一段水路是走黄河。黄河有三门峡之险，两个石岛兀立河心，人称中流砥柱，形成神门、鬼门、人门三条险道，故称三门峡。神、鬼二门无法通舟，人门虽可勉强航行，但风险极大，经常船毁人亡。于是，隋文帝于开皇十五年（公元595年）下令凿毁砥柱。由于当时科学技术条件有限，工程无法进展下去，只得半途而废。

隋炀帝继位后，认为关中与山东、江

南、河北等地距离太远，立即下诏营建东都洛阳，接着又陆续降旨开凿以东都为中心，通向江淮、河北等地的大运河，以加强对这些主要经济区的联系和控制。

隋炀帝大业元年（公元605年），隋炀帝下令开凿通济渠。通济渠分西、中、东三段：

西段以东都洛阳为起点，以洛水及其支流谷水为水源，在旧有渠道阳渠和自然水道洛水的基础上扩展而成，到洛口与黄河汇合。由于古阳渠又称通济渠，人们就把这一名称由西段扩大到了中段和东段了。

中段以黄河之滨的板渚（今河南荥阳西部）为起点，引黄河水作水源，向东到浚仪（今河南开封市）。这一段原是汴渠上游，隋朝加以浚深和拓宽。

东段另凿新渠，浚仪以下与汴渠分流，东南走向，经宋城（今河南商丘市南）、永城、夏丘（今安徽泗县）等地到睢眙注入淮水。浚仪以下不再利用汴河旧道而是另开新渠，一因汴河东段的位置偏北偏东，隋炀帝南巡江都和南粮北运进京时都过于绕远；二因从汴河入淮必须取道泗水，而泗水航道曲折，又有徐州洪、吕梁洪之险，经常翻舟。而浚仪到睢眙地势比较平缓，河床比降适度。新渠东接邗沟后，便可一帆风顺地到达江都了。

隋炀帝大业元年（公元605年）三月，

通济渠动工，到八月即交付使用了。通济渠工程浩大，施工时间仅为半年，不能不说是古今中外运河史上的奇迹，它反映了我们祖先无与伦比的创造力。当然，他们付出的代价也是非常惨重的。由于凿渠和造船工程浩大，约有50万人献出了宝贵的生命。古人评价隋炀帝开运河的功过时说："在隋之民不胜其害也，在唐之民不胜其利也。"

通济渠凿成后，与邗沟一起成为黄河、淮河、长江三大流域的交通大动脉，南来北往的舟楫多走这一水路。

隋炀帝在洛阳周围建了许多大型粮仓，如洛口仓（又名兴洛仓）、回洛仓、河阳仓、含嘉仓等。这些粮仓都储有大量粮食，其中的绝大部分便是经通济渠从江淮一带运来的。

在隋朝，今河南省东北部、山西省东南部和河北省大部，是一个经济发达、人口众多的地区。隋朝推行租庸调制，按户、丁征收粟帛，征发劳力，户多丁多，上调的粟帛也多。这就需要有一条粮帛南运进京的水道。另外，隋炀帝着意开拓边疆，穷兵黩武，积极准备用兵辽东，确定涿郡（今北京市）为征辽基地，要将大量的军用物资和军事人员北运，这也需要有一条从东都到涿郡的军需供应线。因此，隋炀帝在完成通济渠之后，决定在黄河以北开凿一条航运能力较大的运河，这就是永济渠。

大业四年（公元608年），隋炀帝下诏征发河北诸郡男女百余万，开凿永济渠，引沁水南达黄河，北通涿郡。

唐朝，大运河的主要作用是运输各地粮帛进京。唐朝前期，南方租、调由当地富户负责北运，沿江水、运河直送洛口，然后再由洛口转输入京。这种漕运制度，由于富户想方设法逃避，沿途又无必要的保护，再加上每条船很难适应长江、汴河、黄河的不同水情，因此事故多，损耗大，每年都有大批舟船沉没，粮食损失高达20%左右。再者，运期过长，从扬州到洛口历时长达九个月。安史之乱后，这些问题更为突出了。唐朝后期，唐代宗对漕运制度进行了一次重大的改革。唐代宗广德元年（公元763年）开始，刘晏提出了新的漕运制度，用分段运输代替直运。规定江船不入汴河，江船之运堆积在扬州；汴船不入黄河，汴船之运堆积在河阴（今郑州市西北）；黄河之船不入渭水，河船

之运堆积在渭口；渭船之运入太仓。不仅如此，还规定承运工作要雇专人承担，并组织起来，十船为一纲，沿途派兵护送等。分段运送后，效率大为提高，从扬州至长安，40 天即可到达，损耗也大幅度下降。

大运河除漕运租、调外，还促进了沿线许多商业城市的繁荣。如扬楚运河（即隋朝的山阳渎）南端的扬州和北端的楚州（治所在山阳县，今为淮安市），汴河上的汴州（今开封市）和宋州（今商丘市），永济渠上的涿郡等。

扬州位于扬楚运河与长江的汇合处，公私舟船，南来北往时都要经过这里。于是，这里成了南北商人的集中地，南北百货的集散地。在全国州一级的城市中，位列第一，超过成都和广州。

汴州位于汴河北段，可经过济水东

通齐鲁，可经永济渠北联幽冀，可经黄河直达秦晋，迅速发展成黄河中下游的大都会。因为它是一个水运方便的繁华城市，后梁、后晋、后汉、后周、北宋五代都建都于此。

后梁、后晋、后汉、后周、北宋都定都汴州，称之为汴京。北宋历时较长，为进一步密切京师与全国各地经济、政治的联系，修建了一批向四方辐射的运河，形成新的运河体系。它以汴河为骨干，包括广济河、金水河、惠民河，合称汴京四

渠。并通过四渠，向南沟通了淮水、扬楚运河、长江、江南河等，向北沟通了济水、黄河、卫河（其前身为永济渠，但南端已东移至卫州境内）。五代时，北方政局动荡，对农业生产影响很大。而南方政局比较稳定，农业生产仍在持续发展。北宋时，对南粮的依赖程度进一步提高，汴京每年调入的粮食高达600万石，其中大部分是取道汴河的南粮。汴河是北宋南粮北运的较为主要的水道，因此，北宋政府特别重视这条水道的维修和治理。汴河以黄河水为水源，而河水多沙，自隋经唐到宋，经几百年的沉积，河床已经高出地面很多，汴河极易溃堤成灾。北宋朝廷见汴水无情，便组建了一支维修专业队，负责平时汴河的维修和养护。汴河一有大汛，就立即出动禁军防汛。大修时，发动沿河百姓参加。

为了巩固堤防和利用汴水冲刷河中积沙，河工特地在汴河两岸埋下了600 里

的木柱排桩，将汴河束窄到可以冲沙的地步，开了后来“束水攻沙”的先河。

（四） 海塘工程

东晋咸和年间（公元326年-334年），吴内史虞潭在长江三角洲前沿修建海塘，是我国有确切记载的较早的海塘建筑。

隋唐时期，随着苏、沪、浙沿海一带

的开发，这里的人口和耕地面积日益增加，涌潮所造成的损失也日益严重。于是，防潮工程越来越引起人们的重视，在钱塘江北岸到长江南岸建成了一条长124里的捍海塘，南起盐官（今浙江海宁），经平湖、金山、华亭（今上海市松江县）、奉贤、南汇，北至吴淞江口。这是一条我国古代较早较长的海塘，捍卫着浙、沪间易受涌潮之害的城镇和农田。

唐代宗大历年间（公元766年-779

年)，淮南黜陟使李承在苏北也筑了一条比较重要的捍海堤。它南起通州（治所在今南通市)，北至盐城，长142里，保护民田和盐灶，定名常丰堰。

此外，为了抗御海潮，在海州也筑了一条永安堤，长7里。

自秦汉到隋唐是我国海塘的初建阶段，基本上都是土塘，或者在海岸附近夯筑泥土为塘；或者像筑墙一样，用版筑法建造。这种土塘修建起来比较容易，可以就地取土，省工省力，技术也比较简单，但禁不起大海潮的冲击，必须经常维修。

从五代到南宋末年，苏、沪、浙的海塘有了进一步的发展。五代后梁开平四年（公元910年)，吴越王钱镠在杭州候潮门外和通江门外，编竹为笼，将石块装在竹笼内码于海滨，堆成海塘，再在塘前塘后打上粗大的木桩加固，还在上面铺上大石。这种新塘称石囤塘，不像土塘那样禁不起潮水的冲击，比较坚固。但是，新塘的竹木容易腐朽，必须经常维修；同时，散状石块缺乏整体性能，无力抵御大潮。人们不断地摸索并加以改进，终于有了正式石塘的兴建。

较早正式修建石塘的是杭州府知府余献卿。他于宋仁宗景祐三年（公元1036年），在杭州钱塘江岸建了一条几十里的石塘。这是壁立式石塘，用条石砌成，整体性较好，远比土塘、石囤塘坚固。但因此塘在江边壁立，直上直下，受到涌潮冲击时不能分散潮力，易被冲毁。

几年后，即宋仁宗庆历四年（公元1044年），转运使田瑜等人在余塘的基础上进行了较大的改动，在杭州东面的钱塘江岸建成了2000多丈的新石塘。它用条石垒砌，高宽各四丈，迎潮面砌石，逐层内收，形成底宽顶窄的塘型。塘脚以装石竹笼保护，防止涌潮损坏塘基。石塘背面衬筑土堤，用以加固石塘，并防止咸潮渗漏。

余献卿、田瑜等人在杭州附近修建石塘不久，任鄞县（治所在今宁波市）县令的王安石也在钱塘江南岸的部分地区修建坡陀塘，用碎石砌筑，砌成斜坡，其上再覆以斜立长条石。这种石塘有消减水势的作用。

北宋时期，还在苏北沿海修建了著名的“范公堤”。当时，唐朝李承修的通州至盐城旧堤已经坍毁。宋仁宗天圣元年（公元1023年），范仲淹出任泰州西溪盐官，建议修复并扩建旧堤，得到转运使张纶的支持。在范、张两人相继主持下，工程顺利完工，南起通州，中经东台、盐城，北至大丰县，全长180里，人称“范公堤”。

北宋至和年间（公元1054年-1056年），海门知县沈起又将范公堤向南伸展70里，人称“沈公堤”。

范公堤和沈公堤捍卫了苏北的农田及盐灶，受到历代的重视。

南宋在海塘的建设方面也取得了许多成就，宋宁宗嘉定十五年（公元1222年），浙西提举刘垕在当地创立了土备塘和备塘河，即在石塘内侧不远处再挖一条河道，叫备塘河。将挖出的土在河的内侧又筑一条土塘，人称土备塘。备塘河和土备塘平时可使农田与咸潮隔开，防止土地盐碱化；一旦外面的石塘被潮水冲坏，备塘河可以容纳潮水，并使之排回海中。这样，土备塘便成了防潮的第二道防线，可以拦截威力不大的

海潮。

（五）水利科学

在三国至唐宋这一历史时期，水利基础理论的进步主要反映在水利测量、河流泥沙运动理论以及洪水特征和规律的认识等方面。

我国至迟在唐朝就开始应用水准测量仪了。北宋年间，水位测量已在各地执行，并据以推算流量。宋金时期，对汛期水流特征和涨落规律也有形象的规律性描述。

这一时期防洪、农田水利和航运等工程技术普遍有所创新，并达到了传统水利技术的高峰。

这一时期，水利的管理也有长足进步。现存较早的全国水利法规是唐朝制定的《水部式》。这是由中央政府颁布的全国性法规，内容主要包括农田水利管理，碾磨设置及用水管理，航运船闸和桥梁的管理维修，渔业及城市水道管理等。

王安石变法时，对于兴修水利特别重视。宋神宗熙宁二年（公元1069年），曾颁布《农田水利约束》，这是中央政府为促进兴修农田水利工程而颁布的政策性法令，对各地兴修农田水利的组织审批方式、经费筹集、责任和权利分担、建议人与执行官吏的奖赏等，都有具体明确的规定，对于推动农田水利高潮的兴起发挥了重要的作用。

三、元明清时期

在元明清时期，社会相对安定，较少发生长期的战乱，为水利的稳定发展创造了有利的条件。这一时期的水利工程，有黄河防洪工程建设、向边疆和山区继续发展的灌溉与排水工程、沟通南北的京杭大运河、滨海沿岸地区防御潮灾的海塘。其中较为著名的是京杭大运河和浙东钱塘江的重力结构的鱼鳞大石塘。

但是，在封建社会后期，由于政治

腐败，管理混乱，严重地阻碍了水利的进步。

这一时期，总结性的水利科学著作相当丰富。明清之际和清朝末年曾一度引进西方水利技术，但并未得到普遍的应用。

（一）防洪与治河

这一时期，黄河含沙量过高，致使下游河床淤积抬高，给防洪带来了许多困难。

自汉朝起，就有人提出利用黄河自身的水流冲刷下游河床淤积的泥沙，但未能就此探讨出可以实行的工程技术方案。

明朝万历年间，主管防洪的总理河道潘季训总结前人的认识，系统提出“束水攻沙”的理论以及实现这一理论的实施方案。

这个系统堤防工程由缕堤、遥堤和

格堤、月堤几部分组成。

缕堤在主流约束水流，提高流速，便于冲刷河床中积淤的泥沙。

遥堤在缕堤之外，距缕堤二三里，为的是洪水涨过缕堤时，防止洪水四处泛滥。为了防止特大洪水冲坏遥堤，还在某些地段的遥堤上建有溢洪坝段。

“束水攻沙”在理论上的贡献是杰出的，潘季训所设计的一系列工程措施发挥了有益的作用，但并未达到刷深河床、解决防洪的目的。

当年，黄河在淮阴一带夺淮入海，黄河河床和水位的抬高形成对淮河的压力，不仅使淮河洪水排泄困难，并逐渐在淮阴以西造成了一个洪泽湖。

最后，黄河还将淮河入海的河道淤塞，而压迫淮河由三河闸改道入江，简直使淮河快成为长江的一个支流了。

向东入海的黄河与南北方向的运河交叉，运河一度依靠黄河之水，但黄河泛滥或淤积过多的泥沙时，运河便要中

断。

康熙十六年（公元1677年），虽然“三藩之乱”尚未平定，清政府还是任命靳辅为治河总督，负责治理黄河和运河。

靳辅的幕僚陈潢重视调查研究，知识渊博。在治河方面，他虽强调筑堤的作用，但又力主治河方法多样化，认为必须因地制宜，或疏、或蓄、或束、或泄、或分、或合。后来，他甚至提出阻止黄河上中游泥沙下行是治河之本，这是后代水土保持的先声。这一思想虽然当时未被人们所重视，但他的其他治河主张，却被靳辅在治河实践中采用了。

靳辅、陈潢治河的主要措施与潘季训基本相同，即筑堤束水，以水攻沙。但筑堤范围要比潘氏广泛，除修复潘氏旧堤外，又在潘氏不曾修建的河段加以修建。如河南境内，他们认为“河南在上游，河南有失，则江南（原文为南字，当为北字之误）河道淤淀不旋踵”。因此，在河南中部和东部的荥阳、仪封、考城 (仪封和考城现已并入兰考) 等地，都修建了缕、遥二堤。又如在苏北云梯关 (今滨海县) 以东，潘氏认为这里地近黄海，不屑于修建河堤。而靳、陈认为“治河者必先从下流治起，下流疏通，则上流自不饱涨”，因此修建了18000 丈束水攻沙的河堤。

靳、陈治河除上面所说的与潘氏有异同外，还在许多方面超过了潘氏。潘氏

只强调筑堤束水、以水攻沙，而靳、陈除了强调束水攻沙外，又十分重视人力的疏导作用。他认为3年以内的新淤，比较疏松，河水容易冲刷，而5年以上的旧淤，已经板结，非靠人力浚挖不可。

他们不仅注意人力浚挖，还总结出一套“川”字形的挖土法。在堵塞决口以前，在旧河床上的水道两侧3丈处，各开一条宽8丈的深沟，加上水道，成为“川”字形。堵决口、挽正流后，3条水道很快便可将中间未挖的泥沙冲掉。“川”字形挖土法，可减轻挖土的工作量，挖出来的泥沙，又可用来加固堤防。

在疏浚河口时，他们还创造了带水作业的刷沙机械，系铁扫帚于船尾，当船来回行驶时，可以翻起河底的泥沙，再利用流水的冲力，将泥沙送入深海中。这是我国利用机械治河的滥觞。

靳、陈等人经过10年的努力，堵决口，疏河道，筑堤防，取得了可喜的成

绩。以筑堤为例，累计筑了1000 多里。这样，不仅确保了南北运河的畅通，也为豫东、鲁西、冀南、苏北的复苏创造了条件。

（二）灌区兴建

元、明、清3代政权相对稳定，农田水利呈平稳发展局面。

元朝时，蒙古族的游牧生活逐渐被内地发达的物质文明所同化。为了搞好农田水利，元廷专设了“都水监”“河渠司”等水利机构，推动水利建设，并一再颁行《农桑辑要》等农业技术书籍，指导农业生产。

明太祖朱元璋也大力提倡农田水利。据洪武二十八年（公元1395年）统计，全国共兴建塘堰40987处，河渠4162处，陂渠堤岸5048处。

这一时期农田水利工程主要由地方

或民众自办，以小型为主。由政府或军队主持的农田水利项目主要有畿辅营田（在今河北省），为的是促进京畿地区的农业发展，以减少南粮北运的负担。

随着边防的巩固，边疆水利亦有了较大的发展。其中，清前期的宁夏河套灌区建设，清中后期的内蒙河套灌区和新疆地区灌溉等成绩突出。台湾和沿海的福建、珠江三角洲的农田水利取得了重大的发展。

明朝时，宁夏是边防要地。当时，东起辽东，西到陇西，明长城沿线驻有大军，设了9个军事重镇。其中，宁夏一地就占了2个，即宁夏镇和固原镇：宁夏镇的治所在今银川市，固原镇的治所在今固原县。

明朝推行军屯制度，在边镇驻兵中，有十分之四的人负责戍卫，十分之六的人负责屯田。

为了屯田需要，明军在宁夏平原大兴

农田水利，既维修旧渠，又开凿新渠。

明孝宗弘治七年（公元1494年），在宁夏凿渠道300多里。明世宗嘉靖年间（公元1522年-1566年），新渠和旧渠灌田即达13000多顷了。

清朝，宁夏平原的水利建设也有不小的成绩。康熙、雍正、乾隆三代，相继开凿了大清、惠农、昌润等一批重要的渠道。这样，宁夏平原上新旧渠道有30多条，再加上大大小小的支渠，可谓密如蛛网。其中有10条较为重要，号称“宁夏十大渠”。这十大渠有3条在河东灌区，即秦渠、汉渠和天水渠；5条在河西灌区，即汉延渠、唐来渠、大清渠、惠农渠和昌润渠；2条在卫宁灌区，即由蜘蛛渠演变而来的美利渠和七星渠。

元、明、清3朝在我国北京建都，关中的政治地位下降，政府不像汉、唐两代那样大力建设这里的水利了。再

加上泥沙的淤积越来越严重，关中水浇地的面积逐渐缩小了。

元朝，由于泾水继续刷深河床，泥沙不断淤高渠底，引水渠口只好一再上移。

到了明朝，除引泾工程外，还开发了引渭工程。明宪宗成化年间（公元1465年-1487年），开凿了通济渠。此渠西起宝鸡，东到武功，全长210里，还配备了南北走向的4条支渠，可灌溉田地1600多顷。

清朝，关中水利情况发生了很大的变化。由于泾水、渭水、洛水等河流含沙量都很高，以这些河流作为水源的灌区沙害越来越重，灌渠引水也越来越困难。于是，人们只好放弃引泾、引渭、引洛等大型水利工程，而去开辟新水源。关中百姓开始用泉水和山溪水灌溉田地。泉水、溪水的流量毕竟有限，因此这些灌溉工程规模都很小，抗旱力也很弱。

（三）运河开凿

在元、明、清3朝，由于建都北京，政治中心移到北方，而经济重心却在南方。

太湖流域是元、明、清3代全国经济、文化最发达的地区。自宋朝起，太湖流域便成为我国最重要的产粮区，有“苏湖熟，天下足”的说法。

元朝初年，曾一度依靠海运联系南

北，但安全是个严重问题，船毁人亡是常事。

当时，还有一条联系南北的水路，是将江南的粮食装船，沿江南运河、淮扬运河（扬楚运河）、黄河、御河（卫河，相当于永济渠中段）、白河抵达通州。这条运道问题较多。黄河为西东走向，北上粮船须向西绕到河南封丘，航程很远，而从封丘到御河，还有200多里，无水道可用，必须车运，道路泥泞时，车行极为困难。这样，如果重复唐宋的老路来连接南北，则

过于迂回曲折。

南北之间的交通联系是维护政治安定和经济发展的关键问题。元朝统治者迫切需要有一条又直又安全的水道，从江南直达大都。

为实现这一愿望，关键问题是山东地区能否开凿运河。只要在这里凿出一条渠道，南北直运问题便可迎刃而解。

于是，开凿北京直达杭州的大运河就成为当务之急了。

在大科学家郭守敬主持下，一些熟

悉水利的大臣论证了海河水系的卫河、黄河下游、淮河、泗水沟通的可能性，并进行大范围的以海平面为基准的地形测量。最后证实跨越山东的京杭大运河的方案是可行的。

得出肯定的答案后，忽必烈下令，从至元十三年（公元1276年）开始，征发大批民工，开凿京杭大运河的关键河段——今山东济宁至东平的一段，然后又向北延伸，与海河水系的卫河相通。

京杭大运河始建于元朝，完善于明朝，到清朝时仍是南北交通最重要的干线。它北起全国政治中心大都（今北京市），南到太湖流域的杭州。

至元二十八年（公元1291年）到三十年（公元1293年），3年间，在郭守敬的主持下，开通了今北京至通县的一段。至此，大运河南接江淮运河，航船可以跨越海河、黄河、淮河、长江和钱塘江5大水系，由杭州直抵北京，并在此后500年的时间里成为我国南北交通的大动脉。这条长达3600里的运河成为世界上最长的一条人工运河，是世界水利史上的一项杰作。

为了让南粮直达大都城，郭守敬作出了巨大的贡献。

隋朝时，今北京一带本有一条永济渠。但永济渠的北段主要由桑干水改造而成，而桑干水的河道摆动频繁，史称无定河。唐朝时，由于桑干水改道，永济渠已经通不到涿郡（今北京）了。金朝，中都

（今北京市）有一条名叫“闸河”的人工河道，由都城东到潞河，可以运粮。金朝后期，迫于蒙古大军的威胁，迁都洛阳，闸河便逐渐淤塞了。

元朝初年，为了解决大都——通州间的粮运问题，至元十六年（公元1279年），郭守敬在旧水道的基础上，拓建了一条重要的运粮渠道，叫阜通河。

阜通河以玉泉山水为主要水源，向东引入大都，注于城内积水潭。再从积水潭北侧导出，向东从光熙门南面出城，连接通州境内的温榆河，温榆河下通白河（北运河）。

玉泉山水的水量太少，必须严防泄水。运河河道比降太大，沿河必须设闸调整。于是，郭守敬于40多里长的运河沿线建了7座水坝，人称“阜通七坝”，民间称这条运河为“坝河”。

坝河的年运输能力约为100万石，在元朝，它与稍后修建的通惠河共同承担由

通州运粮进京的任务。

元朝初年，还凿了一条名叫金口河的运道。金口河开凿于金朝，后来堵塞了。在郭守敬主持下，于至元三年（公元1266年）重新开凿。它以桑干水为水源，从麻峪村（在今石景山区）附近引水东流，经大都城南面，到通州东南的李二村与潞河汇合。这是一条以输送西山木石等建筑材料为主的水道，是从营建大都的需要出发的。

当初，元朝实行海运、河运并举。由

于海运船小道远，运量不大；而河运又有黄河、御河间一段陆运的限制，运量也很少。两路运到通州的粮食总计100多万石，由通州转运入京的任务，坝河基本上可以承担。

后来，海运技术不断改进，采用了可装万石粮食的巨舶运粮，还摸索出比较直的安全海道，再加上济州、会通两河的开凿，运到通州的漕粮大量增加。这样，大都、通州之间仅靠坝河转运已经远远不够用了。于是，郭守敬主持开凿第二条水运粮道——通惠河。

至元二十九年（公元1292年），新河工程正式开工。郭守敬通过实地勘察，见大都西北山麓一带山溪和泉水很多，便将它们汇集起来，基本解决了新河的水源问题。他从昌平县白浮村开始沿山麓和地势向南穿渠，大致与今天的京密水渠并行，沿途拦截神山泉（白浮泉）、双塔河、榆河、一亩泉、玉泉等水，汇集于瓮山

泊 (今颐和园昆明湖) 。瓮山泊以下, 利用玉河 (南长河) 河道, 从和义门 (今西直门) 北面入城, 注于积水潭中。以上这两段水道是新河的集水和引水渠道, 瓮山泊和积水潭是新河的水柜, 为新河提供了比较稳定的水量。积水潭以下为新运河的航道, 它从潭东曲折斜行到皇城东北角, 再折而向南沿皇城根直出南城, 沿金代的闸河故道向东, 到高丽庄 (通县张家湾西北) 附近与白河汇合。从大都到通县一段, 因河床比降太大, 也为了防止河水流失, 特地修建了11 组复闸, 共有坝闸

24 座。为了保证航运畅通，这24座坝闸都要派遣闸夫、军户管理。这些坝闸，开始时都是用木料制作的，因运行良好，后来都改成永久性的砖石结构了。

由引水段和航运段组成的这条新运河有320多里。经过一年多的施工，主体工程建成后，忽必烈赐名“通惠河”。通惠河建成通航后，大都的粮运问题终于解决了。积水潭成为大都城内的重要港口，舳舻蔽水，帆樯如林，盛况空前。

明朝时，对大运河的关键河段会通河进行了治理。

当初，会通河仅指临清——须城（东平）间的一段运道。明朝时，将临清会通镇以南到徐州茶城（或夏镇）以北的一段运河都称会通河了。会通河是南北大运河的关键河段。

明洪武二十四年（公元1391年），黄河在原武（河南原阳西北）决口，洪水夹带泥沙北上，会通河三分之一的河段被毁。于是，大运河中断，不能运粮北上进京了。

永乐元年（公元1403年），朱元璋四子朱棣定都北平，易名为北京，准备将都城北迁。永乐皇帝鉴于海难频发，海运安全毫无保证，为解决迁都后的北京用粮问题，决定重开会通河。

永乐九年（公元1411年），永乐皇帝命工部尚书宋礼负责施工，征发山东、徐州、应天（今南京）、镇江等地30 万民夫改进分水枢纽，疏浚航道，整修坝闸，增建水柜。

元朝的济州河以山东省的汶水和泗水为水源，先将两水引到任城，然后进行南北分流。由于任城不是济州河的最高点，真正的最高点是其北面的南旺，因此，用任城分水时，南流的水偏多，北流的水偏少，以致济州河北段河道浅狭，只能通小舟，不能通大船。宋礼治理运河时，仍维持原来的分水工程，又采纳熟悉当地水文的汶上老人白英的建议，在戴村附近的汶水河床上筑了一条新坝，将汶水余水拦引到南旺，注入济州河。这样，济州河北段随着水量的增多，通航能力也就大幅度地提高了。几十年后，人们完全放弃了元朝的分水设施，将较为丰富的汶水全部引到南旺分流，并建了南北两坝闸，以便更有效地控制水量。大体上说为三七开，三分南流汇合泗水，七分北流注入御河。人们戏谑地称之为“七分朝天子，三分下江南”。

接着，将被黄河洪水冲毁的一段运

道改地重新开凿。旧道由安山湖西面北注卫河，新道改从安山湖东面北注卫河。这样，黄河泛滥时，有湖泊容纳洪水，可以提高运河水道的安全保障。另外，这里的地势西高东低，便于引湖水补充运河水量。

为了让载重量稍大的粮船也可以顺利通过，宋礼展宽并浚深了会通河的其他河道：拓宽到32尺，挖深到13尺。

南旺湖北至临清300里，地降90尺。南至镇口（徐州对岸）290里，地降116尺。

会通河南北的比降都很大。为了克服河道比降过大给航运造成的困难，元朝曾在河道上建成31座坝闸。这次明朝除修复元朝的旧坝闸外，又建成7座新坝闸，使坝闸的配置更为完善，进一步改进了通航条件。由于会通河上坝闸林立，因此，明人又称这段运粮河为“闸漕”。

除上述工程外，为了更好地调剂会通河的水量，宋礼等人“又于汶上、东平、济宁、沛县并湖地”，设置了新的水柜。

经过明朝初年的全面治理，会通河的通航能力大大提高，年平均运粮至京的数量，由以前的几十万石，猛增到几百万石。这也加强了永乐皇帝迁都北京的决心。不久，他宣布停止取道海上运输南粮北上京城。

南宋初年，为了阻止金兵南下，杜充命令宋军掘开了黄河大堤。从此，黄河下游南迁，循泗水、淮河的水道入海。于是，在元、明两代，南北大运河从徐州茶城到淮安一段，便利用淮河水道作为运粮之道了。人们称这段长约500里大运河为“河运合槽”或“河淮运合槽”。由于黄、淮水量丰富，运道无缺水之患。但黄河多泥沙，汛期又多洪灾，也严重威胁着航运。黄河对于运河既有大利，也有大害，因此人们说“利运道者莫大于黄河，害运道者亦莫大于黄河”。

元、明两朝，黄河下游南迁日久，河床淤积的泥沙与日俱增，经常决口，对

于运河已经发展到害大于利的地步了。于是，从明朝中后期到清初，人们在淮北地区开凿了一批运河新道。

嘉靖五年（公元1526年），黄河在鲁西曹县、单县等地决口，冲毁了昭阳湖以西的一段运河。南北漕运被阻，明廷决定开凿新河，于嘉靖四十六年（公元1567年）完工。这段新河，北起南阳湖南面的南阳镇，经夏镇（今微山县治所）到留城（已陷入微山湖中），长140 里，史称夏镇新河或南阳新河。旧河在昭阳湖西，原属会通河南段，易受黄河泛滥冲击。新河在湖东，有湖泊可容纳黄河溢水，比较安全。

明穆宗隆庆三年（公元1569年），黄河在沛县决口，徐州以北运道被堵，2000多艘北上的粮船被阻于邳州（治所在今睢宁西北）。几十年后，黄河在山东西南和江苏西北一带再度决口，徐州一带运

河断水。于是，在明廷主管工程的官员杨一魁、刘东星、李化龙等人相继主持下，除治理黄河外，又于微山湖的东面和东南面开凿新河，于万历三十二年（公元1604年）全部完工。它北起夏镇，接夏镇新河，沿途纳彭河、东西泇河等水，南到直河口（江苏宿迁西北）入黄河，长260里。它比旧河顺直，又无徐州、吕梁二洪之险，再加上位于微山湖东南，黄河洪水的威胁较小，所以它的开凿，进一步改善了南北水运。因为这条新河以东、西两泇河为主要水源，所以称为泇河运河。

最后，在明末清初，又开凿通济新河和中河。泇河运河竣工后，从直河口到清江浦（今清江市）一段运道约180里，仍然河运合槽，运河并未彻底摆脱黄河洪水和泥沙的威胁。因而河运分离的工程必须继续进行。通济新河凿于明朝天启三年（1623年），西北起直河口附近接泇河运河，东南至宿迁，长57里。中河是清朝初年在著名治河专家靳辅、陈潢指挥下修建的。康熙二十五年 (公元1686年) 动工，2年后基本凿成。它上接通济新河，下到杨庄 (在清江市) 。杨庄与南河北口隔河相望，舟船穿过黄河，便可进入南河。至此，河运分离工程全部告成。

河运分离工程是明朝后期到清朝前期治理运河的主要工程之一，它的完工，使淮北地区的运河基本上摆脱了黄河的

干扰，保证了运河的正常航行。

（四） 海塘工程

元朝时，在杭州湾两岸都进行了规模较大的石塘修建。

在杭州湾北岸修一条长达150里的石塘，南起海盐，北到松江。

在南岸的余姚、上虞一带，地方官吏叶恒、王永等人也修建了4000多丈的石塘。

这些石塘在技术上有许多创新：一是对塘基作了处理，用直径1尺、长8尺的木桩打入土中，使塘基更为坚固，不易被潮汐淘空；二是在用条石砌筑塘身时，采用纵横交错的方法，层层垒砌，使石塘的整体结构更好；三是在石塘的背海面附筑碎石和泥土各一层，加强了石塘的抗潮性能。这种石塘结构已经比较完备，是后来明、清两朝石塘的前身。

元朝时，对苏北“范公堤”“沈公堤”作了维修和扩展，使两堤的长度延伸到300里以上。

钱塘江口水面宽阔，从南岸到北岸远达几百里。由于中间屹立着一些岛屿，形成三条水道，分别叫作南大门、中小门和北大门。13世纪以前，无论是钱塘江水还是海潮，主溜基本上是走南大门。后来，由于钱塘口沙嘴变化等原因，海潮主溜逐渐移到北大门，而钱塘江口涌潮主溜则走南大门。因为南岸有许多小山，涌潮不致造成严重灾害。而钱塘江下游的北面是一望无际的、地势低平的太湖流域，涌潮主溜走北大门，便会酿成无法估计的损失。如万历三年（公元1575年），走北大门的涌潮毁农田8万多亩，死了3000多人。当主溜走南大门时，海宁旧城（盐官）南面有大片陆地，它离杭州湾40余里。主溜走北大门后，大片大片的陆地被涌潮吞噬，钱塘江岸步步后撤，旧海宁便成为一座面对大海的危城，只好北迁。杭

州湾北岸是当时全国经济最发达的太湖流域的前沿，明政府频繁地组织人力、物力，修建当地的海塘。

明朝历时276年，在这里修建海塘就多达20多次。在频繁修建浙西海塘的进程中，人们不断总结经验，改进塘工结构，以提高抗潮能力。其中最重要的是浙江水利佥事黄光升创造的五纵五横鱼鳞石塘。他总结以往的经验教训，认为旧塘有两个严重的缺点，一是塘基不结实，二是塘身不严密。因此，他主持建塘时，在基础方面，必须清除地表的浮沙，直到见到实土，然后再在前半部的实土中打桩夯实。这样的塘基承受力大，也不易被潮水淘空。在塘身方面，用长、宽、厚分别为6尺、2尺、2尺的条石纵横交错构筑，共18层，高3丈6尺；底宽4丈，五纵五横，以上层层收缩，呈鱼鳞状，顶宽1丈。石塘背后，加培土塘。这种纵横交错、底宽顶窄、状如鱼鳞的石塘十分坚固，但造价很高，每丈需用白银300两。

因此，当他改造到全部塘工的十分之一时，筹集的经费便用光了。其他地方只好仍用旧塘。

除浙西海塘外，为防止长江口的涌潮危及南岸产粮区，明朝对嘉定、松江等地海塘的修建也同样重视。

黄河和淮水所携带的泥沙堆积，使苏北沿海淤成了大片新地，范公堤逐渐失去作用。人们又于堤外建新堤。先后建成土塘800多里。

在清朝的大部分时期里，钱塘江涌潮的主溜在北部，仍然对着海宁、海盐、

平湖等浙西沿海。清朝前期，用了半个多世纪的时间，耗费纹银700多万两，将这里的大多数海塘都改建成朱轼创造的最坚固的鱼鳞石塘。

康熙、雍正、乾隆三朝，朱轼曾先后担任浙江巡抚、吏部尚书等重要职务。在他任职期间，多次主持修建苏、沪、浙等地的海塘。

康熙五十九年（公元1720年），朱轼综合过去各方面的治塘先进技术，在海宁老盐仓修建了500 丈新式鱼鳞石塘。雍正二年（公元1724年）七月，台风和大潮同时在钱塘江口南北一带登陆，酿成了一次特大潮灾。当时，除朱轼在老盐仓所建的新式鱼鳞石塘外，杭州湾南北绝大部分的海塘都遭到了严重的破坏，生命、财产损失十分惨重。

当初，朱轼改进的新鱼鳞石塘由于造价高，每丈需银300两，所以没有推广，只造了500丈。经这次大潮考验后，被公认为海塘工程的“样塘”。为了浙西的安全，清政府不惜花费重金，决定将钱塘江北岸受涌潮威胁最大的地区一律改建成新式鱼鳞石塘。

此外，在崇明岛，清朝也着手兴建海塘工程。崇明岛是今天我国的第三大岛，面积1000多平方千米。唐朝时，它还是一个小沙洲，面积只有十几平方千米。由于江水和潮水中的泥沙不断沉积，到明、清时，逐步发展成为一座大岛了。从明末起，为了围垦这块新地，人们开始在岛上修建简单的海堤。乾隆时，筑了一条具有

一定规模的土堤，长100多里。光绪时，两江总督刘坤一又在其上修建了石堤。

清朝为了防止潮灾，做了一些新的探索。一是涌潮的主溜走北大门和南大门都易酿成潮灾，特别是走北大门时，灾害更为严重。因为只有走中小门时潮灾才较小，所以乾隆皇帝在位时曾组织力量疏浚中小门水道，引涌潮主溜由此通过，并取得了一定的效果。二是清末修建海塘时，尝试着在工程中使用了新式建筑材料——水泥。这一试验当时虽因地基沉陷而失败，却为人们提供了经验教训。后来，逐渐以水泥作为塘工材料，并受到了青睐。

千百年来，苏、沪、浙海塘工程的发展，反映了当地人民与潮灾斗争的坚强毅力和聪明才智。

海塘的修建，对广大人民的人身安全，对当地的工农业生产，都是有力的保证。

（五）水利科学

元、明、清3朝，水利规划理论有了很大的进步。

明朝，以潘季训为代表的“束水攻沙”治河思想的完善和系统堤防的修建，使治河堤防工程技术发展到了高峰。

明清以来，大批关于水利工程技术、治河防洪方法的专著陆续问世，现存的古代水利文献大部分是这一时期编纂的。各地的地方志大多设置了水利专业志和漕运志。

在农田水利方面的专著中，最著名的有元朝王祯的《农书》、明朝徐光启的《农政全书》以及清乾隆年间官修的《授时通考》。这些书对于各种类型的农田水利工程，尤其是对灌溉和水力机械方面的记述尤为精详。

地方性农田水利专著越出越多，如明朝姚文灏的《浙西水利书》和沈问的

《吴江水考》、清朝吴邦庆的《畿辅河道水利丛书》和徐松的《西域水道记》。前两部书是太湖水利的代表性著作，后两部书分别是研究海河流域和新疆水利的重要著作。

专门记述工程的书也很多，如元朝李好文的《长安志图·泾渠图说》，清朝王太岳的《泾渠志》、王来通的《灌江备考》、王全臣的《大清渠录》、程鸣九的《三江闸务全书》等。